Neue Erfindungen von Nikola Tesla
Konstruktionspläne aus dem Jenseits

FSC
www.fsc.org
MIX
Papier aus verantwortungsvollen Quellen
Paper from responsible sources
FSC® C105338

Herold zu Moschdehner

Neue Erfindungen von Nikola Tesla

Konstruktionspläne aus dem Jenseits

Bibliografische Information der Deutschen Nationalbibliothek
Die Deutsche Nationalbibliothek verzeichnet diese Publikation in der Deutschen Nationalbibliografie; detaillierte bibliografische Daten sind im Internet über http://dnb.d-nb.de abrufbar.

ISBN 9783756246274

Herstellung und Verlag: BoD - Books on Demand, Norderstedt

24,99 Euro

Hi, ich bin Herold zu Moschdehner. Mit meiner Frau „Mutter Hautberg" lebe ich im wunderschönen Bobitz in Mecklenburg und arbeite mit ihr im esoterischen Sektor. Dieses Buch entstammt eigentlich eher meiner Frau.
Sie kann sich in Trance versetzen und gilt als menschliches Telefon ins Jenseits. Sie kann auf einmal in fremden Sprachen sprechen oder Klavier spielen.
Letztens traf sie im Jenseits Nikolai Tesla und dieser beschaut unsere Realität und ist erschrocken über unsere Aaserei und Dummheit im Energiesektor. Er sendet 38 Möglichkeiten, mit denen man auch Energie schaffen kann.
Von ihm selbst stammen die Notizen darunter.
Mutter Hautberg hat es sehr erschöpft, aber nicht schlimm. Ein kleines Gläschen Kräuterschnaps wird helfen.

Herold zu Moschdehner

1. SonnensaftKraft ernten

Der größte Energiespender unseres Sonnensystems ist die Sonne. Deshalb heißt es auch Sonnensystem und nicht Mondsystem. Je näher man der Sonne kommt, desto näher kommt man der Energie. Am Ende würde man verbrannt werden, weil dies Kraft zu stark ist.

Wie wäre es, wenn man Sonnensaft mit einem langen Schlauch abzapft? Hierzu bräuchte man nur einen gekühlten Wasserschlauch, der innen durch Gletschereis gespeist wird. Bringt man den Sonnensaft dann zur Erde, kann man damit ganze Zentralheizungen versorgen und somit die Menschen im Winter wärmen.

2. Federspannungswege

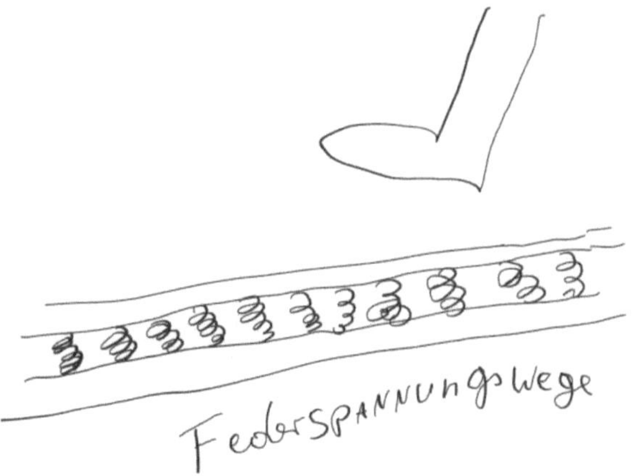

Stell Dir einmal vor, dass jeder Fußtritt, den Du setzt, als Energie umgewandelt und gespeichert wird. Stell Dir vor, dass die längste Einkaufsstraße

Deiner Stadt mit besonderen Gehflächen bedeckt ist. Klitzekleine Federn sind unter der Fläche verbaut und nehmen die Bewegungen auf.

Die so entstehende Spannung wird zu Hochspannung.

3. RegenEnergie

Gleiches Federprinzip, wie bei dem Gehweg. Nur viel kleinere Federn. Federn, die ein Regentropfen herunterdrücken kann. Dies in großen Flächen auf die Hausdächer. Fertig!

4. Schuhräder

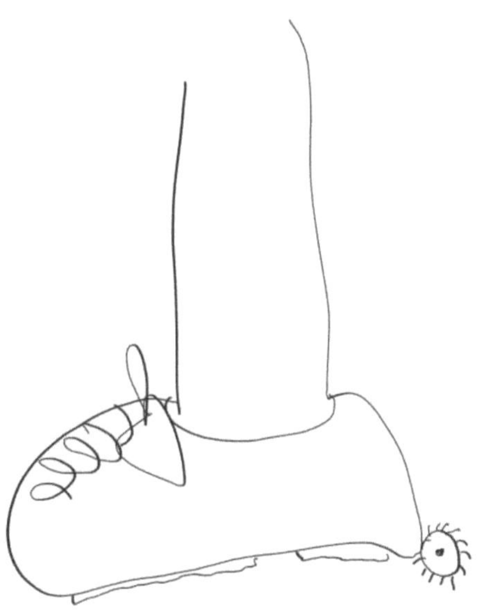

Kleines Rädchen an allen Schuhen. An Sportschuhe gehören dann gleich zwei Rädchen dran. Prinzip ist klar. Rad berührt immer wieder den Boden und nimmt somit Energie auf. Diese werden im Schuh gespeichert, die man später im Schuhregal abzapfen kann. Wird sofort in den Haushalt gespeist.

5. Die Riebschwanzmethode

Die Bewegungsenergie ist wichtig. Wir vergeuden unser Tun ständig ins Nichts. Entweder man nimmt die

Schuhe, die ich auf Seite 3 vorgestellt habe oder zieht einen Elektroreibschwanz hinter sich her.
Die Abriebenergie wird in einem kleinen Rucksack gesammelt.
Guter Nebeneffekt: Die Menschen würden viel schlanker sein, wenn sie vor dem CouchpotatoDasein erst einmal die Energie erwandern müssen.

6. Flummihalle und Batterieflummi

Unten sieht man einen kleinen Flummi mit innenliegender Batterie. Anstatt Atommeiler sollte man Flummihallen konstruieren. Also einen riesigen Raum, an dessen Wänden energiesaugende Rezeptoren liegen. Steigt man nun die Treppe hinauf und wirft seinen Flummi mit aller Kraft hinein, so vervielfacht sich diese und am Ende kann man seinen Flummi wieder abholen, die Batterie ist voll und die Flummihalle kann auch noch Energie an die Gesellschaft abgeben.

7. Sexuelle Energie

Was ist positive Anstrengung für einen Menschen? Wo verausgabt er sich vollkommen und spürt die Mühe nur wenig? Wo ist er auf jeden Fall in der Ausübung glücklich, wenn gegenseitige Liebe am Start ist? Genau, Sex. Womit rühmen sich Männer, wenn es um Geschlechtsverkehr geht? Mit Ausdauer.

Schade, dass man diese nicht berechnen kann oder? Wieso aber nicht und was wäre, wenn Männer die Ausdauerstärke auf ihrem Handy ablesen könnten? Und noch verrückter: Was wäre, wenn die ausgegebene Fickenergie auch noch gespeichert werden könnte? Wenn es einfach stimulierende Anzüge geben würde, die man nicht nur anzieht, weil es Energie bringt, sondern auch, weil es besonders geil ist? Und jede Bewegung wird kleine Kraftwerke antreiben, die Energie erzeugen.

Oder ganz anders: Man wirft einfach 200 notgeile Menschen in einen geschlossenen Raum und nutzt einfach die Wärmeenergie.

8. Die ZweizahnRegel

Vielleicht bedarf es eines neuen Initiationsritus. Immer, wenn man ausgewachsen ist, so geht der Staat an zwei Zähne, zieht diese und baut dafür eine kleine Windradlandschaft hinein.
So wäre jeder Atemzug gewinnbringend.

9. Menschliche Batterien

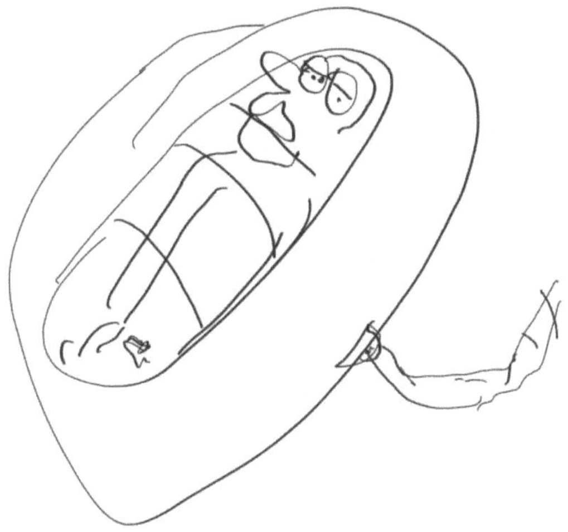

Jeder Zweitgeborene muss an den Staat abgegeben werden. Dieser wird, wie bei Matrix, als menschliche Batterie genutzt. Drittgeborene dürfen ganz normal behalten werden.

10. ZitteraalSchwimmbadEnergie

Schwimmbäder sind stets befüllt mit Zitteraalen. Wer baden will, muss auch zittern. Die Schwimmbecken ziehen die Energie der ZitterStromstärke automatisch ein. Nur so sollte man Schwimmbäder betreiben. Ein Schwimmbad könnte Strom für 8 Millionen Haushalte schaffen.

11. Unendliche Energie

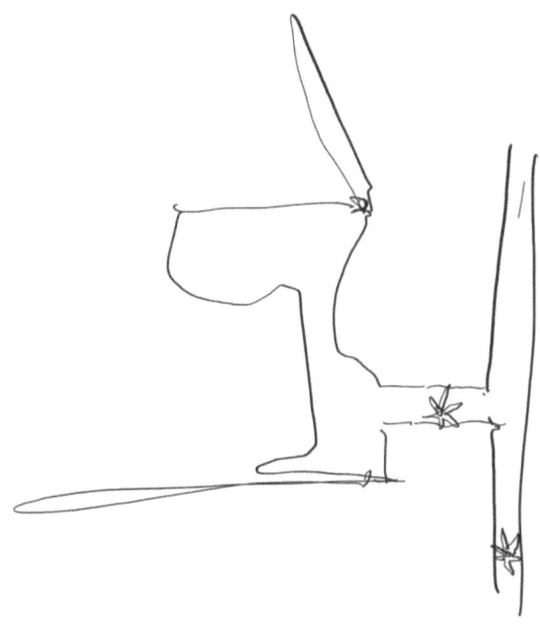

Kleine Räderchen in sanitären Rohren können feinsten Strom erzeugen. Aber was wäre mit Räderchen in Stromleitungen? Unendliche Energie?

12. ZersetzungsEnergie

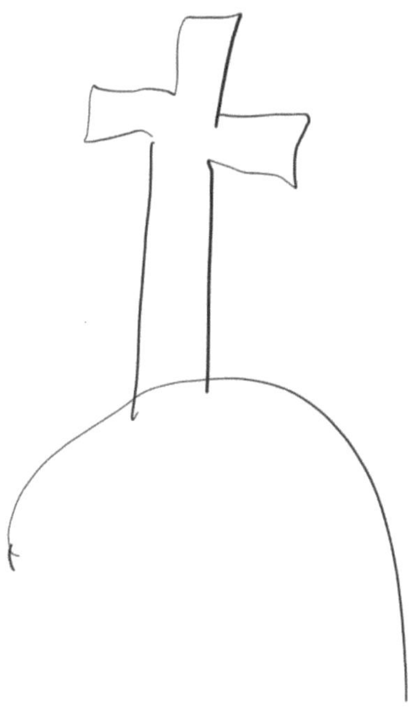

Der Tod ist schlimm und pipapo, aber wieso sollte man mit dem Raumschiff, dass man auf dieser Welt benutzt hat, irgendwie pfleglich umgehen? Man brauch es nicht mehr. Es ist kaputt und unbeseelt. Also warum den Würmern die Energie schenken? Kann man das nicht in Energie umwandeln? Ist der reine menschliche

Körper nicht unter Zersetzungsprozessen auch imstande Energie zu erzeugen? Vielleicht sogar Zersetzungsgas, dass besser ist als Erdgas? Wird dem bisher nachgegangen? Mein Körper schenke ich diesem Forschungsgebiet.

13. Mikrobielle Brennstoffzelle

Eine PiPiÖffnung in der Stadt. Da machen alle rein. Sie sind dazu verpflichtet. Jeder muss über eine große Wanne gehen und hineinmachen. Wer anderweitig beim Urinieren erwischt wird, wird der Zersetzung von Punkt 12 freigegeben. Sinn und Zweck: Mikrobielle Brennstoffzelle. Diese würde für eine ganze kleine Stadt reichen. Von dieser großen Wanne könnte man Stromleitungen an alle Häuser ziehen.

14. Anlehnhäuser

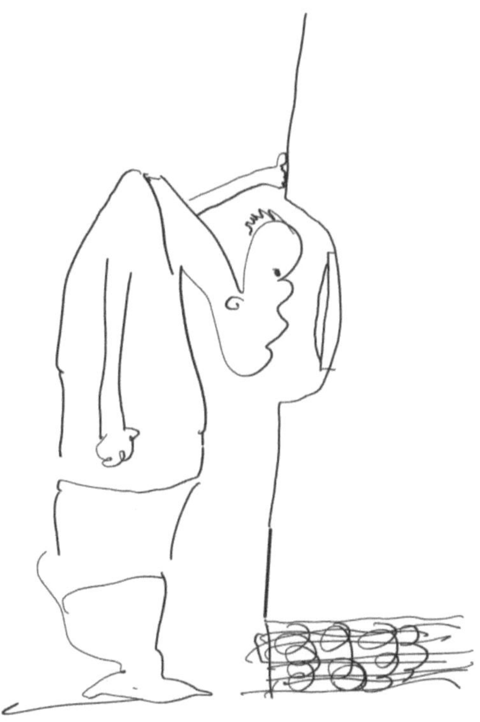

Man stelle sich einmal eine Fernsehsendung vor, die total gehypt ist und die auf einmal nur noch an bestimmtem Empfangsgeräten gesehen werden kann. Diese sind in Anlehnhäusern eingebaut und man muss ganz nah kommen, um etwas zu sehen. Das Haus steht auf einer Platte von dynamischen

Stromschluckspechten und ständig wird Energie gesammelt, wenn man sich anlehnt.

15. Flatterenergie

Das Flattern der Vögel zu nutzen, ist eigentlich eine naheliegende Angelegenheit und sie lassen es auch wirklich mit sich machen. Fangen sie einmal einen Raben und fixieren sie ihn so frei, dass er flattern kann. Er wird flattern. Sehr, sehr lange. Länger, als er Energie haben dürfte. Das kann man ableiten. Das muss man ableiten.

16. Entmaterialisierer

Sie sehen richtig. Das ist ein Entmaterialisierer. Er nimmt die gesamte Substanz eines Gegenstandes oder einer Umgebung, zerstört die Atome und fabriziert somit starke Energie. Muss nur noch erfunden werden. Was kannst Du dafür tun, dass man es erfindet? Frag Dich das mal!

17. Glücksenergie

In irgendeiner Dimension wird aus Freude und Glück Energie gemacht. Da fördert man die Bürger und treibt sie voran. Immer zu neuen Horizonten, die verglücken lassen. Jeder geht gut mit dem anderen um und alles andere wäre eh eigener Energieverlust. Wer weiß, was für Energiespektren unsere Gehirne haben. Vielleicht ist Glück einfach nur die beste Energie, die es gibt.

18. EndfrauEnergie

Schon mal den Begriff „Hitzewallungen" gehört? Das haben Frauen in den Wechseljahren. Ihnen wird ganz anders und heiß.
In den früheren Zeiten sind die Frauen ja nicht so alt geworden. Wahrscheinlich haben sie vor dem Ableben noch einmal alle Energie für die Sippe

abgelassen und man konnte sich daran laben. Wie an einer Energiedusche.
Vielleicht sollte man Frauen in den Wechseljahren zu Abzapfung verpflichten. Vielleicht mit penisähnlichen Konstrukten, die auch Spaß erbringen. Diese Energie muss genutzt werden.

19. Hundschwanzschnapp

Kennen Sie diese Videos, in denen Hunde sich wie bescheuert drehen und ihren Schwanz schnappen wollen? Kann man das nicht triggern? Schon im Welpenalter? So, dass man sie anknippsen kann, wenn es Energie benötigt? 40 Hunde für einen angenehmen Fernsehabend?

20. Naturgewalten

Wieso müssen Naturkatastrophen eigentlich stets Geld und Menschenleben kosten? Wieso kann man diese Gewalt nicht auffangen und in die Stromnetze pressen?

21. Die Kurbelrenter

In jede Behausung eines Rentners sollte eine Kurbelmaschine installiert werden. Wenn diese bedient wird, so soll ein LCD-Bildschirm alte Videos aus alten Zeiten abspielen. Einfach wahllos und zufallstechnisch.

Die Vereinsamung würde sie an die Kurbeln schicken und es würde mehr Strom erzeugt, als die Jungen verbrauchen könnten.

22. Bockspringbockenergiezapfen

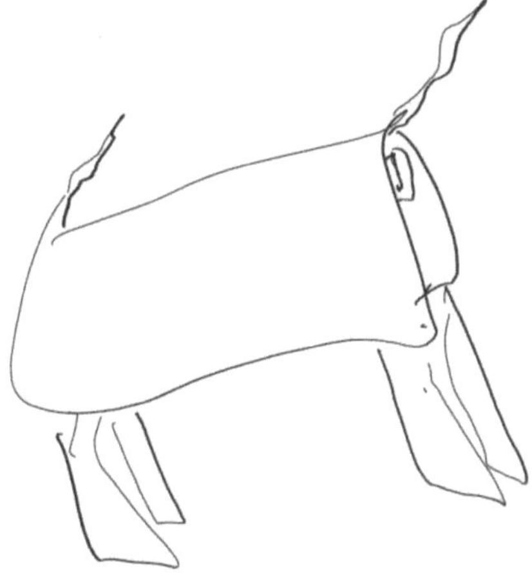

Dieser Vorschlag zur Energiegewinnung kann nur der Traum von Perversen sein. Ein Bockspringbock mit Energiezapfern, die bei jedem Drüberhoppsen zulangen.

23. Lärm

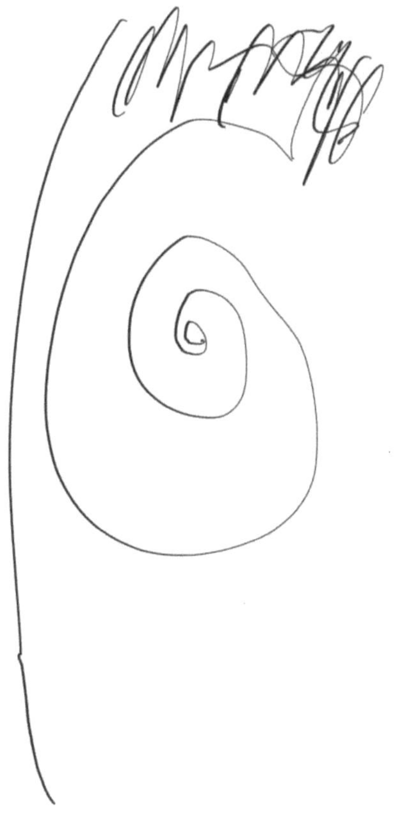

Lärm. Laute Kinder, laute Bauwerkzeuge und ständige Einwirkung. Kann es eine Wirkung ohne Energie geben? Nein, wieso wird der Lärm noch nicht eingefangen? Wieso landen Schallwellen nicht in einem Umwandler? Was bedarf es dazu, dass eine sehr laute Disco die Morgenenergie für viele Normhaushalte liefert?

24. Magnetische Energie

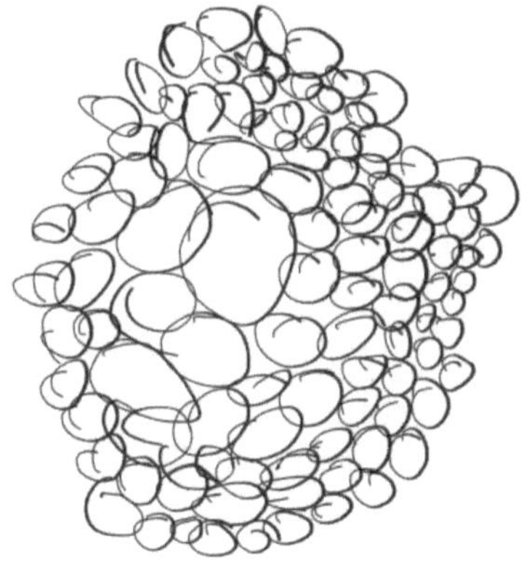

Einfach mal ganz viele Magnetkugeln und Batzen beisammentun und ein Kabel dranhalten. Da muss doch was passieren!

25. RegenwurmstreckEnergie

Das ist Carlo Bohrmann. Er entdeckte die Regenwurmenergie und befindet sich derzeit im Sachsenberg zu Schwerin. Man nimmt ihn nicht nur nicht ernst, man hat ihn auch eingewiesen. In seiner Arbeit um die Regenwurmstreckung als Energiegewinnung , hat er etliche Pläne ins Feld geworfen und ist dabei an den großen Konzernen abgeprallt. So, wie ein junger Spatz an einer Badfensterscheibe. Der Unterschied zwischen Lang,- und Kurzstreckung bei einem Regenwurm liegt bei 1 kWh.

26. Falldruckenergie

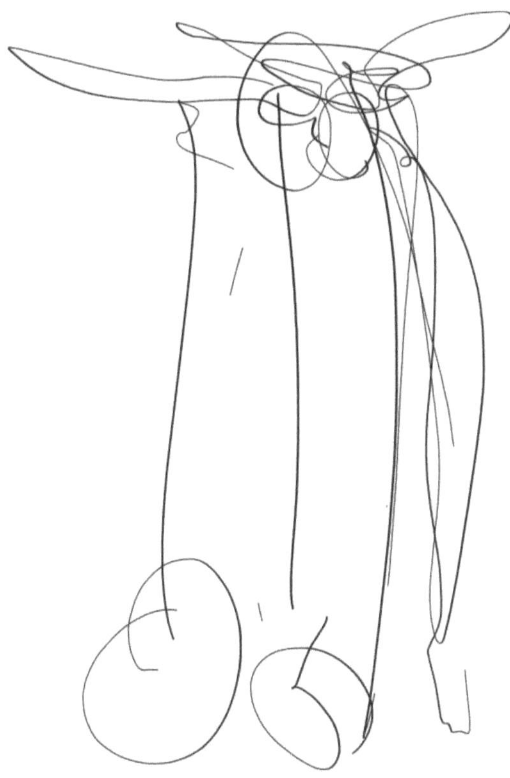

Sieht aus wie zwei Pilzbrüder, die beisammen stehen, oder? Ist aber eine Kokospalme, die gerade zwei Früchte verliert. Hier die Rückschau zu früheren Punkten: Gehweg und Regenenergie. Geht also um Druckverwertung. Diese kann man nicht nur unter

Fallobst anwenden, sondern auch in Kinderkrippen und unter Brücken.

27. Wichsenergie

Erhard Konken ist Besessen von Wichserei. Er hat sich bei der Stadt eine Gummivagina ausgeliehen und ist etliche Wochen damit beschäftigt. Wenn sie ein wenig geweitet ist und keinen Spaß mehr verspricht, wechselt er aus und das Energieamt erhält seine starke

Wichsenergie. Die ist mehr wert als er jemals wissen wird.

28. Energieerhaschungspost

Eigenartigkeit zieht Fokus und Fokus ist Energie. Dieses Bild zeigt nichts, aber kann doch alles sein. Was glauben sie, welche Dimension gerade Energie aus Ihrer Betrachtung zieht? Das ist alles Lebenszeit und um so länger sie hier verweilen, desto.....

29. Zufällige Energie?

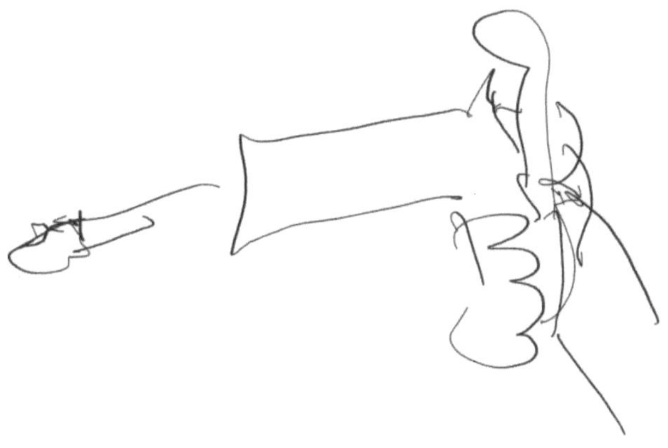

Ehrliche Frage! Was wäre, wenn ich mit einer Pistole ein Projektil in Lichtgeschwindigkeit abfeuern würde? Und was wäre, wenn das Projektil eine AA-Batterie wäre?

30. Nuttenstärke

Wieso nutzt man noch echte Menschen in den Rotlichtvierteln? Wieso lässt man nicht energiesaugende Konstruktionen auf die Männer los? Neben der Bezahlung kann man Kraft ernten. Körperreibung, Schläge, verbale Auswüchse und Tritte.

All dies ist pure Energie. Energetisch, brachial und wegerweiternd. Das muss geerntet werden.

31. Goldwerkmensch

Ihre Handinnenflächen aneinander. In einem Abstand von 30 Zentimeter und nun ganz, ganz langsam zueinander führen. Wer jetzt ein Kribbeln und Druck spürt, ist ein Eigenkraftwerk und Goldwert für die Menschheit.

32. Kreativität

Ein Typ, der im Wüstenboden versinkt. Er selbst in Mumienverbänden und mit depressivem Blick. Automatisch denkt man: Wo kommt der her und warum befindet er sich gerade in dieser Situation?

Stell Dir vor, es gibt eine Stelle in Deiner Stadt, die Geschichten vorgibt und Du erzählst die Geschichte weiter. Dabei klebst Du Dein Gehirn an einen Strang und gibst Energie und Fantasie weiter.

33. Biertrinkenergie

Könnt Ihr Euch an den Punkt der sexuellen Energie erinnern? Da ging es um Kraft, die man vergibt und doch keine Mühe verspürt. Dies greift auf Sex und auch auf das Biertrinken. Stellt Euch mal vor, dass die Bierflasche nicht nur den Wiederverwendungswert mit sich trägt, sondern auch noch eine energetische

Instanz. Wenn jedes Bierleeren durch Bewegung Energie speichert.

34. Walkenergie

Walkungsenergie, die aus nachbarschaftlichen Streitigkeiten gezogen wird. Hier sieht man einen, der es ernst meint und einen, der es nicht so ernst meint. Vollkommen egal, wie sie gepolt sind. Ihre Walkenergie wird durch die Unterlage und ihre Anzüge gesammelt.

Ihr Kampf bietet viel Entfaltung und natürlich auch das Ende der Streitigkeiten.

35. Urenergie

Das ist Johann Banko. Er hüllt sich in Gebetskleider und erforscht hobbytechnisch die Urenergie. Er meint, man müsse nur eine bestimmte Melodie summen und der Teufel erscheine zuverlässig. Dieser schenkt einem dann einen Zugang zur Urenergie, die man nutzen kann, wie man will. Wer hatte diesen Zugang schon?

Welche Zivilisationen gelangten so zur Weltmacht? Wer kennt die Melodie noch?

36. Angst und Panik

Was ist für Kinder das Schlimmste? Ganz klar: Angst und Unsicherheit. Sie sind gerade klar im Erkenntnisdasein angelangt und Irritation mögen diese Neumenschen gar nicht. Wieso gibt es in Geisterbahnen und sowieso im öffentlichen Raum keine Angstenergiesauger? Wieso keine Panikpumpen, die diese negative Kraft abziehen? Keine PanikattackenMinimierer die sich auf diese Kraft freuen? Wir müssen solche Gefühle minimieren.